# 吃點心囉

## 日常生活中一再回味的經典點心食譜

中島志保 著　葉韋利 譯

# 前言

為什麼不說「甜點」而用「點心」呢？
理由很單純，我個人很喜歡「點心」這個給人溫暖感覺的字眼。
即使是忙到人仰馬翻、不可開交的時候，
一句「吃點心囉！」就能讓人頓時放輕鬆。

由於老家是做生意的，小時候媽媽總是很忙。
只要偶爾媽媽得閒做個點心給我和姊姊吃，
我們就像獲得特殊待遇一般，格外開心，還會搶著吃。
媽媽做給我們吃的、附近店家賣的尋常蛋糕、
還有我長大之後喜歡的各種口味……
兒時眾多關於點心的記憶，深深影響了我現在的味覺。

後來，料理成了我的工作，
在家做點心時經常是腦子裡沒任何想法，興致一來就走進廚房。
有時只是想吃點用奶油和鮮奶油做的食物，
也有那種沒來由想吃冰涼甜點的時候。

然後就會自由發揮，和其他人（或獨自一人）吃掉。
要是對方說「下次再做哦！」就覺得很開心。
這樣的歡樂時光實在無可取代。

本書介紹的都是我平常會在家裡自己動手做並享用的點心。
很多人認為做點心和做菜不同，比較特別，
但其實我的點心都不需要專程準備材料，
盡量使用家裡現有食材，輕鬆三兩下就能做好。
我希望大家都能親自體會到，做點心只是做飯的延伸。

就算最後外觀沒有修飾得很完美，
或是稍微烤過頭了，
都別忘了最重要的一點——做得開心！
然後在做了一次又一次之後，就會漸漸變成每個家庭獨特的點心風味。
希望在這本書被翻爛之時，
各位在家中做點心、吃點心已經不再「特別」，
而是真正成為日常生活的一部份。

吃點心囉　目次

## 麵粉類點心
忍不住一做再做

## 飲品點心
一躍為主角

## 製作美味點心的四大重點

### 1　準備很重要

一開始就備齊所有材料，量好要使用的份量。製作時就能一氣呵成、流暢不間斷。

### 2　一開始依照食譜

先藉由食譜指示，了解該怎麼調整自己喜歡的口味與習慣的步驟。
做過一次後，從第二次起再配合各自家中廚房的狀況來調整變化。
1大匙＝15毫升、1小匙＝5毫升、1杯＝200毫升。
選用中等大小（M）的雞蛋與含鹽奶油。

### 3　烤箱有各自的特性

書中烤箱的溫度與所需時間都是以電烤箱為標準。
烤箱會因為機種，在加熱方式上各有不同，請以食譜中的溫度與時間為基準，加以調整。

### 4　失敗為成功之母

每一道食譜都會介紹小撇步，但若是在材料、食譜用語上有疑問，或是做起來覺得「不太對勁」，可以參考第82頁之後的「《吃點心囉》不失敗點心小百科」。
該單元的使用方法請見第82頁。

順帶一提……
本書介紹的點心，製作或準備時間全都在15分鐘左右（不包含烘烤時間），非常簡單。在等待醒麵或冷卻時可以洗個澡，讀本書，輕鬆等候就行了。

# 從小最喜歡
# 懷念的點心

小時候吃點心的記憶，到現在仍忘不了。
將大量的奶油和白砂糖換成菜籽油與二號砂糖，
回想著那時失敗卻樂在其中的經驗，持續不斷做點心。

# 香蕉卷餅

### 材料（2個）

餅皮
- 蛋……1顆
- 二號砂糖……2大匙
- 低筋麵粉……3大匙

奶油餡
- 鮮奶油……50毫升（1/4杯）
- 二號砂糖……1/2大匙

香蕉……1根

### 準備

- 準備好隔水加熱用的熱水（攝氏50～60度）。
- 剪好2張邊長15公分的方形烘焙紙。
- 鍋蓋上包好布，預熱蒸鍋。
- 冷凍庫備好冰塊。

### 作法

**1**　蛋、砂糖加進調理盆，以隔水加熱方式用手持攪拌器打發。
等到蛋液溫度上升到體溫左右，調理盆移開溫水，繼續攪拌。
攪拌到能拉出泡沫挺立的硬度（如圖1）。
大約3～5分鐘就可達到這個狀態。

**2**　篩入低筋麵粉，用橡皮刮刀由下往上翻攪。動作迅速且輕巧，不要壓扁泡沫，只要拌到沒有顆粒殘留即可。

**3**　一半的麵糊倒在烘焙紙上，攤平成直徑約12公分（差不多手掌大）的圓餅狀，放入已冒蒸氣的蒸鍋，用小火蒸3分鐘後取出。
（關鍵在於用小火，餅皮才不會回縮得太厲害。）
用竹籤穿刺正中央，抽出後沒有沾黏麵糊即可。

**4**　製作奶油餡。鮮奶油與砂糖倒入調理盆中，放入另一個裝有冰水的調理盆，在冰鎮狀態下打發。打到鮮奶油能輕輕拉出尖角的硬度即可。

**5**　在冰涼的餅皮上夾入奶油餡和依喜好切片的香蕉。

（圖1）

這是媽媽第一次做給我們吃的西式點心。
因為很想偷舔盆底剩下的奶油餡，唯有做這道點心時我會搶著洗碗。
剛開始做的時候，蛋液打發的方式不好掌握，請多試幾次，熟練之後說不定還得小心不要打過頭。這款麵糊在蒸熟之後，即使冷了也能保持類似舒芙蕾蛋糕的鬆軟口感。

# 雞蛋瑪德蓮

**材料（直徑5公分的鋁箔杯10個）**

奶油……30公克
菜籽油……2大匙
A 蛋……2顆
A 二號砂糖……60公克
A 現磨檸檬皮（最好是有機檸檬）……1/2顆
A 蜂蜜……1小匙
低筋麵粉……70公克
泡打粉……1/2小匙

**準備**

- 烤箱預熱至攝氏180度。

**作法**

**1** 鍋子裡加入奶油及菜籽油用小火加熱，一邊晃動鍋子讓奶油融化。

**2** 調理盆裡加入A，用攪拌器打勻。
（不需要打到起泡，拌到砂糖和蜂蜜均勻融合即可。）

**3** 低筋麵粉與泡打粉一起過篩拌入。攪拌到沒有顆粒殘留。

**4** 加入**1**的奶油，用橡皮刮刀從底部翻攪拌勻到麵糊滑順即可。
（接下來將麵糊放進冰箱醒個1小時，會更好吃。）

**5** 用湯匙將麵糊盛入鋁箔杯至七分滿，用攝氏180度的烤箱烤12～14分鐘。
用竹籤穿刺正中央，抽出後沒有沾黏麵糊即可。

其實稍微放涼後，
會比剛出爐熱呼呼時更好吃唷。

老家的佛壇前常會供奉人家送的小甜點，
我只要看到想吃的，就會央求爺爺拿來當點心。
要是看到裝瑪德蓮的盒子，那天就會特別開心。
自己做的瑪德蓮加了菜籽油，吃起來口感更輕盈。
這款點心帶有濃郁的雞蛋味，一定要選用優質美味的雞蛋來做。

我姊姊從小對許多事情都很堅持，有時候會心血來潮自製麵條做拉麵，嚇全家人一跳。有一天姊姊做了我最喜歡的牛奶糖。入口即化，我眞是愛死了。
其實只要用一個鍋子持續熬煮即可，但只要稍微分神就會燒焦，所以想休息時記得先關火。牛奶糖很容易融化，做好之後記得別放在溫度高的地方。

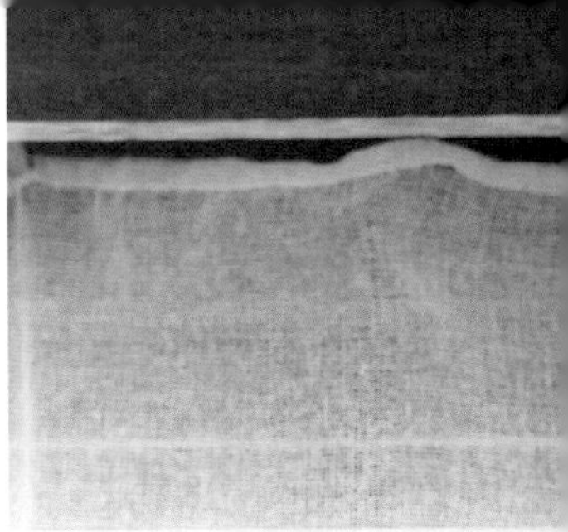

# 牛奶糖項鍊

**材料（約30顆）**

奶油……40公克
二號砂糖……120公克
蜂蜜……2大匙
鮮奶油……200毫升

**準備**

- 在調理盤（約15╳20公分的耐熱容器或便當盒）上鋪一張烘焙紙。
- 冷凍庫準備冰塊。

**作法**

1 所有材料放進鍋子裡用小火加熱，一邊晃動鍋子讓砂糖融化。

2 砂糖融化並煮沸之後，用橡皮刮刀不斷攪拌，以小火慢慢熬煮。經過6～8分鐘，鍋壁開始不斷冒出泡泡（圖1），並且熬煮到剩下一半量時，先關火。滴入一滴糖液到裝了冰水的杯子裡。糖液凝固、摸起來像軟糖就代表完成，要是會溶於冰水則繼續熬煮，之後再滴入冰水中測試。

3 糖液倒入調理盤裡，稍微降溫之後放進冰箱，冷藏超過1小時，等變成能切開的硬度後取出，依喜好的形狀切小塊。

體積突然膨脹，
就是糖液朝中心聚集的時刻。

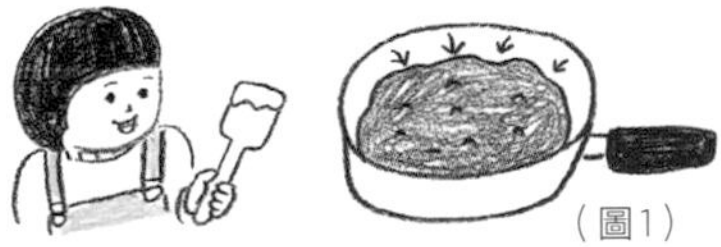

（圖1）

［同場加映］**杏仁牛奶糖**

平底鍋裡加入100公克杏仁（新鮮．不含鹽），用小火慢慢炒到焦香後切碎。
在作法**2**中熬煮完成的糖液加入切碎的杏仁，接著倒入調理盤。

［包裝］
將牛奶糖一顆顆用糯米紙或剪裁好的蠟紙包起來，外層再包上一張玻璃紙會更可愛。

# 超級熱鬆餅

**材料（4片）**

蛋……1顆
二號砂糖……2大匙
原味優格……50毫升
鮮奶（豆漿亦可）……100毫升
菜籽油……1大匙

A
低筋麵粉……120公克
泡打粉……2小匙
鹽……1撮

奶油、楓糖漿……適量

**作法**

**1** 在調理盆裡打蛋，再依序加入砂糖、優格、鮮奶、菜籽油，每加入一種材料就要用攪拌器打勻。

**2** A混合後過篩加入，用手迅速拌勻。
攪拌太久的話，煎起來就不太膨鬆，口感也會變得比較硬，最理想的狀態是輕輕拌幾下到沒有顆粒殘留即可。
（總之就是別攪拌過頭！）

**3** 平底鍋以中火熱鍋，倒入一層薄薄的菜籽油（份量外），用大湯匙舀一匙麵糊倒入鍋內，鋪平成兩倍大小。

**4** 用中火煎3～4分鐘，等到表面整體開始冒泡，出現小孔就翻面，蓋上鍋蓋再煎2～3分鐘到上色。
（不要用鍋鏟壓，這樣會讓鬆餅失去膨鬆感）
用竹籤穿刺正中央，抽出後沒有沾黏麵糊即可。

**5** 趁熱在上方放一塊奶油，淋點楓糖漿。

步驟**2**只要攪拌你覺得「好像差不多了」就停手，這就是口感外酥內軟的祕訣。保證一吃就停不下來～

小時候學校下午沒上課時，姊姊就會做這道熱鬆餅。雖然有時候煎得外型不好看，或是根本沒煎熟，我還是會很興奮、幾乎等不及鬆餅起鍋。作法很簡單，攪拌之後煎熟就行，直到現在，即使是忙碌的早晨，我還是能提起勁來做。

關鍵就在於千萬別攪拌過頭。忍住還想繼續攪拌下去的心情，就能煎出質地輕盈鬆軟的鬆餅。不過這款點心有點危險，一不小心就會吃太多片。

# 甜薯球

**材料（約10顆）**

番薯（大）……1顆（約400公克）

A
- 二號砂糖……2大匙
- 奶油……20公克
- 肉桂……少許
- 蛋黃……1顆

鮮奶（豆漿亦可）……2大匙

蛋黃液……1顆

水……1小匙

**準備**

- 烤箱預熱至攝氏180度烤番薯。
- 將要刷在薯泥表面的蛋黃液加水調勻備用。

**作法**

1 番薯洗淨之後用鋁箔紙輕輕包起來，用攝氏180度的烤箱烤60 ～ 80分鐘。用竹籤穿刺正中央，能夠刺穿即可。

2 番薯趁熱剝皮，放進調理盆裡。用叉子、壓泥器或磨泥板，壓成幾乎不留顆粒的泥狀。

3 加入A，用橡皮刮刀充分攪拌到奶油融化。慢慢加入鮮奶到刮刀舀起番薯泥不會立刻掉落的硬度（圖1）。
試一下味道，要是不夠甜就加點砂糖（份量外），若是質地太軟就放進鍋子裡，以小火加熱，一邊用刮刀攪拌，讓水分收乾。

（圖1）

4 烤箱預熱至攝氏200度。

5 番薯泥稍微放涼後取乒乓球大小（約2大匙）放在保鮮膜上，像扭毛巾一樣搓成圓球形。剝除保鮮膜之後將小球排放在烘焙紙上，用指頭沾蛋黃液塗在上層，增加光澤。

6 用攝氏200度的烤箱烤15分鐘，烤到表面上色即可。中途快烤焦時可以蓋上鋁箔紙。

步驟**3**的番薯泥如果太軟，
可以放進烤盅裡烤，也很好吃哦。

第一次吃到番薯時，發現「竟然眞的有番薯的味道」，讓我大吃一驚（我到長大後都一直以爲「番薯」就是住家附近甜點店賣的那種做成番薯外型，裡頭包著白豆沙，外層撒肉桂粉的點心）。製作的步驟或許稍微麻煩，不過先花點時間烤熟番薯，味道肯定好到超乎想像。相信各位會重新改觀──「原來地瓜做成的點心竟然這麼好吃！」

作法

1　鮮奶油倒進鍋裡用小火加熱，不時晃動鍋子，等到鍋壁開始出現沸騰的泡泡，就將鍋子從爐火上移開。

2　切碎的巧克力全部加入鍋裡，用橡皮刮刀攪拌到融化、質地滑順後，再加入洋酒。

3　倒入調理盤，稍微放涼之後放進冰箱冷藏兩小時以上（有時間的話冰上半天更理想）。

4　巧克力連同烘焙紙一起取出，用菜刀或切刀切成12等份。

5　用手把巧克力搓成圓球，加入鋪有可可粉或抹茶粉的容器中。
滾動巧克力球裹上粉。
掌心的溫度很容易讓巧克力融化，搓圓球時的動作要快。

每年快到情人節時，「今年也該來動手囉！」我跟姊姊就會在媽媽的一聲號令下集合。三個人邊搓著圓球邊笑著說，「這好像鹿的『那個』耶～」
我們家習慣做成圓球狀，但其實光用刀切成小塊也很漂亮。使用的材料很簡單，試著用自己喜歡的巧克力做做看。

# 小鹿松露巧克力

**材料（直徑2.5公分，可做約12顆）**
巧克力……100公克
鮮奶油……40毫升
洋酒……1小匙（蘭姆酒、白蘭地、君度橙酒等依照個人喜好）
可可粉、抹茶……適量

**準備**
- 巧克力用菜刀剁碎。

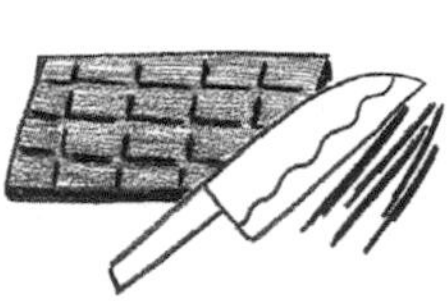

- 在調理盤（大小約12x12公分的耐熱容器或便當盒亦可）鋪好烘焙紙或保鮮膜。
- 可可粉、抹茶分別放入調理盤等容器內。

# Q彈煎包

**材料（6顆）**

A
- 低筋麵粉……120公克
- 泡打粉……1/2小匙
- 二號砂糖……1大匙

水……60公克

備用水……50毫升

**準備**

• 先備好內餡。

（從家中剩菜到甜食，這款煎包的好處就是包什麼都行。挑選水分含量少的餡料會比較好包。）

**作法**

1　A放進調理盆，用手迅速拌勻。

2　加水之後俐落揉麵，揉到帶點溼潤、成麵團狀即可（揉麵的時間大約1分鐘）。用保鮮膜包起來，放到冰箱裡醒30分鐘。

3　用菜刀或切刀將麵團切成六等份後，搓成圓球（會黏手的話就撒少許手粉）。餡料搓成乒乓球大小的圓球（約2大匙）。

4　搓圓的麵團用擀麵棍擀平成直徑約8公分（比掌心略小）的扁平狀，餡料鋪在正中央，然後包起來。

5　平底鍋以中火熱鍋後倒入薄薄一層油（另外準備），兩面煎到上色。

6　煎包封口朝下，調成小火，將備用冷水沿著鍋壁慢慢淋一圈。蓋上鍋蓋再悶煎8～10分鐘。

適合包進煎包裡的餡料

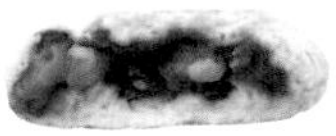

[ **紅豆沙及胡桃** ] 在紅豆沙（市售品即可）中依喜好加入炒過切碎的胡桃。

[ **馬鈴薯** ] 馬鈴薯削皮之後切成一口大小，煮到軟爛。瀝乾水分之後壓成粗泥，加入稍多的菜籽油、胡椒鹽，調成重口味。再拌入用鹽水燙過，切成小段的四季豆。

＊P.36全麥派用的蘋果餡也很適合。

以前奶奶買給我們吃的煎包，裡頭包的餡經常是炒蔬菜絲或是鹹豆沙，小時候的我總覺得「鹹的不算點心啦！」所以不怎麼喜歡。
現在卻因爲煎包做起來就像飯糰一樣，而且無論鹹甜，任何餡料都能包，可以隨性自由發揮而非常喜愛。
眞想做給奶奶吃吃看。

# 可麗餅生日趴

**材料（直徑20公分，可做8～10片）**

低筋麵粉……100公克
二號砂糖……1大匙
蛋……2顆
鮮奶（豆漿亦可）……250毫升
奶油（菜籽油亦可）……10公克
（菜籽油的話為1大匙）

**準備**

- 奶油放進鍋子裡用小火加熱，或是隔水加熱融化。菜籽油的話直接使用即可。
- 蛋與鮮奶事先充分拌勻。

**作法**

1 低筋麵粉篩入調理盆，加入砂糖用攪拌器稍微混合。

2 一點一點加入調勻的鮮奶蛋汁，攪拌到沒有顆粒殘留。

3 加入奶油攪拌後過濾，放進冰箱裡靜置1小時左右。

4 平底鍋以中火熱鍋，倒入一層薄薄的油（份量外），倒入少於一大匙的麵糊，迅速晃動平底鍋讓麵糊薄薄平鋪鍋底。

5 邊緣煎到微乾就可起鍋，用竹籤翻面，煎到兩面都上色。

6 以相同的步驟煎完麵糊，包入喜愛的食材就能大快朵頤。

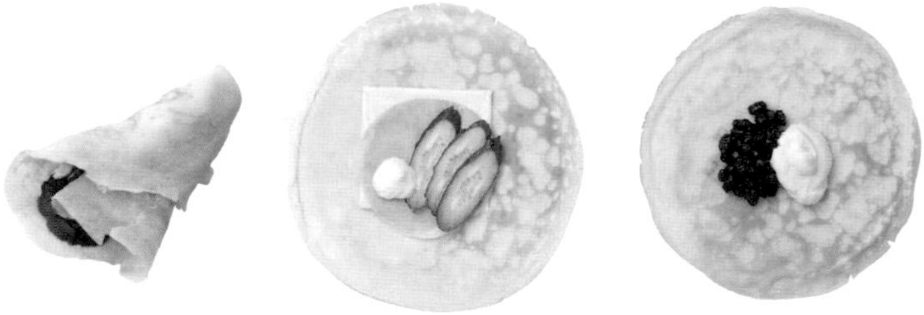

[ **適合可麗餅的餡料** ]

發泡鮮奶油……在鮮奶油中加入砂糖打發。
巧克力醬……切碎的巧克力加熱融化後依喜好加入鮮奶拌勻。
其他……水果、紅豆、生菜、乳酪、火腿、鮪魚醬、肉醬等。

有一次我受邀參加朋友的慶生會，這個朋友是從大都市搬來的。我還記得，餐桌上放滿了各式各樣他媽媽做的可麗餅。過去我只在書裡看過可麗餅，沒想到竟然在家裡就吃得到，而且還能自己選喜歡的餡料！這道點心我始終忘不了。麵糊調好之後放進冰箱靜置，時間夠久的話，就能烤出非常輕薄平滑的餅皮。餅皮可以冷凍，一次做多一點，當早餐吃方便又美味。

再多都吃得下。
美味無限！呀吼～

## 小時候

我從小就是貪吃鬼，會因為吃了奶奶給的點心，結果吃不下正餐而挨媽媽罵。比起那些外表裝飾得很漂亮的蛋糕，我更喜歡簡單的日式點心。對於時下流行的甜點也沒什麼特別好感，這種喜好大概至今都沒變吧。

我最大的興趣就是在生長的新潟山林裡，到處捕捉奇怪的蟲子，或是用科學雜誌裡的贈品做實驗。簡直像個小男生的我，除了吃以外，也愛自己動手做，因為光是把一些材料混在一起，竟然就會變硬、膨脹，感覺就像做實驗，好好玩！即使我做出來的海綿蛋糕硬邦邦，奶油泡芙乾癟癟，家人仍然大力稱讚，讓我自信滿滿而繼續做下去。等到有了一台我夢寐已久的烤箱之後，我就把烤箱搬到學校，成立「料理俱樂部」，一旦下定決心就勇往直前。這段小學時的往事，就是我可以反覆盯著磅秤、量匙，把做點心當畢生職業的最初記憶。

我的第一台烤箱至今仍在老家，大展身手。無論是小時候躲在被窩裡翻過一遍又一遍的點心食譜，或是手持電動攪拌器，全都是我的珍藏。

忍不住一做再做

# 麵粉類點心

烤一烤就有得吃的麵粉類點心，就像居家洋裝。
可以讓全身感到舒適，接受度非常高。
這種咖啡色小點心，就是令人愛不釋手。

# 香烤乳酪蛋糕

**材料（直徑15 公分圓模）**

奶油乳酪……250公克
（一般大小的一整條）
二號砂糖……80公克
蛋……2顆
原味優格……1/2杯（100毫升）
鮮奶油……100毫升
檸檬汁……2大匙（約1/2顆）
低筋麵粉……3大匙

**準備**

- 在模型上鋪好烘焙紙。如果是活底模型，先在底部包一張鋁箔紙（圖1）。
- 奶油乳酪預先恢復室溫（手指可以輕易插入的程度）。
- 烤箱預熱至攝氏180度。

**作法**

1　奶油乳酪放進調理盆，用橡皮刮刀攪拌。拌軟之後加入砂糖，均勻混合。

2　改用攪拌器，依序加入蛋（一顆一顆加入）、優格、鮮奶油、檸檬汁，每加入一種材料都要均勻攪拌。

3　篩入低筋麵粉，攪拌到沒有顆粒殘留後，用網眼較大的篩網過濾麵糊，倒入模型裡。

4　用攝氏180度的烤箱烤50分鐘。用竹籤穿刺正中央，抽出後沒有沾黏麵糊即可。過程中要是覺得表面快烤焦，可以蓋上一張鋁箔紙。放涼後連同模型一起裝入塑膠袋內，放進冰箱冷藏。

（圖1）

下方不鋪餅乾底的派皮，只要把所有材料依序加入攪拌後烤熟即可。這是一款能單純品嚐乳酪美味的蛋糕。剛出爐時顯得有些突兀的乳酪口味，靜置一段時間後就能跟其他材料融合，味道變得圓潤可口。我們家每次都是前一天晚上先做好，隔天再當點心吃。

# 微甜巧克力蛋糕

**材料（15公分方形模型）**

巧克力……100公克
菜籽油……50毫升
蛋……2顆
二號砂糖……50公克
鮮奶（豆漿亦可）……100毫升
A［可可粉……40公克
泡打粉……1/3小匙］

**準備**

- 巧克力用刀切碎後，連同菜籽油一起放進調理盆，以隔水加熱方式融化。
- 在模型上鋪好烘焙紙。
- 烤箱預熱至攝氏180度。

**作法**

1　蛋和砂糖放入調理盆，用攪拌器打約1～2分鐘到起泡。只要稍微變白、呈現黏稠狀即可。不用打到像P.8香蕉卷餅的麵糊也無妨（也可用電動手持攪拌器以中速打30秒）。

2　依序加入融化的巧克力、鮮奶，每加入一種材料都要充分拌勻，接著將A過篩加入，攪拌到沒有顆粒殘留的狀態。

3　用橡皮刮刀將麵糊倒入模型，用攝氏180度的烤箱烤30分鐘。這款蛋糕最好能保有溼潤口感，用竹籤穿刺正中央，抽出幾乎不沾黏麵糊即可。

依照小鹿松露巧克力的作法，像削鉛筆一樣切碎巧克力，隔水加熱融化時就比較輕鬆。

這款蛋糕剛出爐趁熱吃，口感就像入口即化的舒芙蕾。加上一球冰淇淋，瞬間有股無法言喻的幸福。放涼之後蛋糕體凝聚收縮，吃起來像濃郁的布朗尼。各有各的美味，難以取捨，是一款可以品嚐到兩種不同美味的巧克力蛋糕。尤其平常吃不慣甜食的男性，更會愛上這一味。

# 楓糖馬芬　胡桃＆葡萄乾　可可＆椰子

**材料（3個直徑7公分的馬芬模型）**

A
- 低筋麵粉……100公克
- 泡打粉……1小匙
- 鹽……1撮

B
- 楓糖漿……50毫升
- 鮮奶（豆漿亦可）……50毫升
- 菜籽油……50毫升

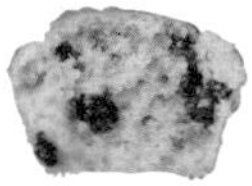

- 胡桃＆葡萄乾口味
  胡桃……20公克
  葡萄乾……2大匙

- 可可＆椰子口味
  可可粉……1大匙
  椰子絲……2大匙

**準備**

- 胡桃用平底鍋乾煎後切碎。
- 在馬芬模型內鋪一層紙杯，用布丁模型、耐熱杯來當模型也可以。
- 烤箱預熱至攝氏180度。

**作法**

1　A篩入調理盆。
（做可可＆椰子口味的話，在這個步驟加入可可粉。）

2　調理盆中央挖出一個小洞，一口氣加入B。用攪拌器迅速拌勻。
攪拌過頭烤起來會變硬，拌到沒有顆粒殘留即可。

3　加入胡桃和葡萄乾，用橡皮刮刀拌勻。
（做可可＆椰子口味的話，在這個步驟加入椰子絲。）

4　麵糊倒入馬芬模型，約7分滿。用攝氏180度的烤箱烤25分鐘。

麵糊只要2、3分鐘就完成囉。

熱呼呼出爐之後稍微降溫時最好吃。這款馬芬用菜籽油來做，所以放涼了也不太會變硬。麵糊不要攪拌過頭，才能達到鬆軟、入口即化的口感。如果是隔天要吃，建議先用鋁箔紙包起來，食用前用小烤箱加熱即可。

# 柚香磅蛋糕

**材料（18×9×6公分的磅蛋糕模型）**

蛋……2顆

二號砂糖……80公克

A
- 鮮奶油……100毫升
- 菜籽油……40毫升
- 柚子汁……1小匙
- 柚子皮（磨碎）……1顆
- 罌粟籽……1小匙

B
- 低筋麵粉……120公克
- 泡打粉……1小匙

**準備**

- 在模型上鋪好烘焙紙。
- 烤箱預熱至攝氏180度。
- 蛋在使用之前先從冰箱拿出來退冰30分鐘。

**作法**

1　蛋和砂糖加入調理盆裡，用攪拌器打約1～2分鐘到起泡。只要稍微變白、呈現黏稠即可。不用打到像P.8卷餅的麵糊也無妨（或者也可用電動手持攪拌器以中速打30秒）。

2　一口氣加入A，攪拌均勻。

3　篩入B，用攪拌器以劃圈方式迅速攪拌。攪拌過頭烤起來會變硬，拌到沒有顆粒殘留即可。用橡皮刮刀將麵糊倒入模型裡，用攝氏180度的烤箱烤40分鐘。

罌粟籽可以在超市的
香料區找到。

※編按：罌粟籽在台灣屬列管品，不太容易取得。可以用藜麥等種籽取代。

這款磅蛋糕用鮮奶油來代替奶油，口感更清爽。想吃就能馬上做，我自己常做這道點心來應付臨時來訪的客人，或是突然需要送禮的狀況。
改以檸檬、橘子等其他柑橘類水果來做也可以，不過果汁加太多的話，就沒辦法烤出輕盈質地，建議以削點果皮加入的方式來增添風味。

# 全麥派

**材料（2個）**

A
- 低筋麵粉……100公克
- 全麥麵粉……25公克
- 二號砂糖……1/2大匙

奶油……60公克
冰水……40 ～ 50毫升

**準備**

- 奶油切成1公分的小丁放進冰箱冷藏。
- 烤箱預熱至攝氏180度。

**作法**

1　在調理盆中加入A，以類似洗米的方式用手攪拌材料。

2　加入奶油丁，用指尖攪拌到麵粉與奶油融合。等到奶油差不多融化後，一點一點加入冰水，請勿太用力攪拌，直接揉成一團麵團。
（到此步驟前都可使用食物處理機。）

3　用保鮮膜將麵團包起來，放進冰箱靜置1小時。

4　調理台上先撒少量麵粉，用擀麵棍把麵團擀成約0.4公分厚（15公分×20公分大小）的餅皮，用叉子在麵皮表面上戳幾個洞，再把麵皮切成兩等份。

5　麵皮鋪上內餡後對折，用叉子按壓邊緣封口，麵皮表面再用刀子畫出刻痕。

6　將派放到鋪有烘焙紙的烤盤上，用攝氏180度的烤箱烤30 ～ 35分鐘。

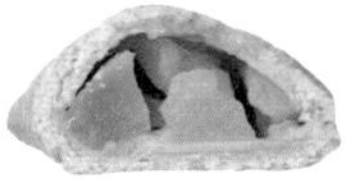

適合這款派的餡料

[ **燉蘋果** ]挑選有酸味的蘋果2顆（大一點的蘋果1顆即可），削皮後切成一口大小，放進鍋裡，加入二號砂糖3大匙、水50毫升，用小火加熱，加上鍋蓋慢燉。煮沸後蘋果開始出水時，打開鍋蓋並調成大火，煮到水分收乾。

[ **巧克力＆香蕉** ]香蕉切片和板狀巧克力。

[ **紅豆泥＆番薯** ]番薯和紅豆燉煮到軟爛並壓成泥。

我做的派不需要折疊麵皮，只要輕鬆擀平就行了。這款派能充分品嚐到全麥麵粉樸實的風味。
現烤的酥脆派皮，搭配入口即化的燉蘋果，格外美味。搭配其他當季食材，一整年都可以享受做派的樂趣。

# 蘋果蛋糕

**材料（直徑15公分圓形模）**

蛋……2顆

二號砂糖……60公克

菜籽油……70毫升

A
- 全麥麵粉……120公克
- 杏仁粉……20公克
- 泡打粉……1/3小匙

B
- 胡桃……20公克
- 蘋果……1顆（約200公克）（最好挑選帶酸味的品種）
- 蘭姆葡萄乾……2大匙（葡萄乾用蘭姆酒醃漬1天以上）
- 肉桂粉、肉豆蔻粉……少許

**準備**

- 先醃好蘭姆葡萄乾。
- 在模型上鋪好烘焙紙。
- 胡桃先用平底鍋乾煎後，切碎成粗粒。
- 蘋果縱切成6等份，再切成0.5公分厚的扇形。
- 烤箱預熱至攝氏170度。

**作法**

**1** 蛋和砂糖放入調理盆，用攪拌器打約1～2分鐘到起泡。只要稍微變白、呈現黏稠即可。不用打到像P.8卷餅的麵糊也無妨（或者也可用電動手持攪拌器以中速打30秒）。

**2** 加入菜籽油，與其他材料充分拌勻。

**3** 篩入A，用橡皮刮刀從底部迅速往上翻拌，直到沒有顆粒殘留時加入B迅速攪拌（讓蘋果有裹上麵粉的感覺）。

**4** 麵糊倒入模型內，用攝氏170度的烤箱烤50～55分鐘。用竹籤穿刺正中央，抽出後沒有沾黏麵糊即可。過程中要是覺得表面快烤焦，可以蓋上一張鋁箔紙。

隔天當早餐也可以！

質地扎實，口感溼潤。由於減糖的關係，吃起來很順口。
希望心情平靜、閒適安穩時，就會想吃這種蛋糕。
相對於大量的蘋果，有些人會擔心麵糊比例太低，但不要緊。
烤好之後，蘋果的水分會滲入麵糊中，讓口感更溼潤。

# 蜂蜜橘香戚風蛋糕

**材料（直徑17公分戚風蛋糕模型）**

蛋……4顆
二號砂糖……70公克
蜂蜜……1小匙
菜籽油……2大匙
橘子……1～2顆
低筋麵粉……80公克

**準備**

- 削下橘子皮，搾50毫升的果汁備用。
- 蛋白和蛋黃分別打入不同的調理盆裡。蛋白先放進冰箱冷藏5～10分鐘。
- 烤箱預熱至攝氏170度。

**作法**

1 調理盆中加入蛋黃、一半的砂糖、蜂蜜，用攪拌器輕輕混合。接著依序加入菜籽油、橘子汁、橘子皮，每加入一種材料都要均勻攪拌。

2 篩入低筋麵粉，充分攪拌到沒有顆粒殘留。

3 用電動手持攪拌器將蛋白打發，打到出現白色泡沫時，將剩下的砂糖分兩次加入，打出細緻、能拉出柔軟尖角的蛋白霜（圖1）。

4 換用橡皮刮刀，將蛋白霜分3次加入**2**中。
每次加入時要趁泡沫還沒消失之前，從底部迅速翻拌。

（圖1）

5 麵糊倒入模型中，用攝氏170度的烤箱烤35分鐘。

6 烤好後倒插在空瓶上放涼（如本頁右上角圖），等到完全冷卻後，用刀沿烤模壁刮一圈脫模（圖2）。

（圖2）

戚風蛋糕脫模的小訣竅，就是用刀鋒沿著模型先劃一圈。

這款戚風蛋糕，光靠水果的水分就能烤出柔和橙色，且口感溼潤有彈性。使用柑橘類水果的戚風蛋糕，麵糊很容易膨脹，最適合推薦給初學者。
爲了更凸顯材料的風味，刻意不加發泡鮮奶油。此外，質地相當輕盈，切好之後別用叉子吃，一定要用手撕小口送入嘴裡。

# 一種作法雙重美味餅乾

## 奶油酥餅

材料比例與作法
非常類似，卻可做出
截然不同的口味！

## 洋蔥脆餅

### 奶油酥餅 作法

1 調理盆裡加入A，用手輕輕攪拌。

2 加入奶油丁，用指尖攪拌到麵粉與奶油融合。

3 攪拌到沒有大塊顆粒時，灑上水揉成一大團。繼續揉個兩三次到表面平滑即可。
（沒辦法揉成團時再加點水。）

4 麵團倒在保鮮膜上，搓成8公分長的棒狀之後包起來，放進冰箱冷藏1小時。

5 切成0.8公分厚的片狀，排放在鋪有烘焙紙的烤盤上，用攝氏170度的烤箱烤30分鐘。放在烤盤上等到完全冷卻，吃起來才酥脆。

### 洋蔥脆餅 作法

1 調理盆裡加入A，用手輕輕攪拌。

2 加入菜籽油，用手掌攪拌到麵粉與油融合。

3 攪拌到沒有大塊顆粒時，加入洋蔥末，不要太用力，攪拌成一大團。（沒辦法拌成一團時就再加點洋蔥末）

4 麵團倒在烘焙紙上，用擀麵棍擀成0.4公分厚（麵團會沾黏擀麵棍時，就隔一層保鮮膜）。用菜刀或切刀在麵團上劃出刻痕，並用叉子在表面上戳幾個洞。

5 連同烘焙紙一起放上烤盤，用攝氏170度的烤箱烤30分鐘。放在烤盤上等到完全冷卻後，沿著刻痕折成一片片。

這兩款餅乾吃起來口味完全不同，材料比例與作法卻非常類似。
一旦記下步驟，還可以自行更換各種不同的材料。
奶油酥餅只要攪拌之後馬上就能做好，很適合急性子的我。
每當想吃簡單的奶油口味點心時，我都會做這一道。
當初原本覺得洋蔥脆餅「可能比較下酒」，沒想到也很受到小朋友的喜愛。
訣竅在於使用較細的磨泥板，磨泥時可以完全釋出洋蔥的汁液。

**奶油酥餅**

**材料（約10片）**

A
- 低筋麵粉……80公克
- 全麥麵粉……20公克
- 二號砂糖……2大匙

奶油……40公克
水……2大匙～

**準備**

- 烤箱預熱至攝氏170度。
- 奶油切成1公分的小丁，放進冰箱冷藏。

**洋蔥脆餅**

**材料（約20片）**

A
- 低筋麵粉……80公克
- 全麥麵粉……20公克
- 鹽……1撮

菜籽油……2大匙
洋蔥末……2大匙（約30公克）～

**準備**

- 烤箱預熱至攝氏170度。
- 為了讓洋蔥盡量出水，要用較細的磨泥板磨泥（這樣比較容易揉成麵團）。

# 摩卡卷

「好想吃咖啡口味的蛋糕哦！」──不太喜歡吃甜食，但非常熱愛美食的朋友提出這個要求，於是我做了這款蛋糕。

摩卡卷的內餡一般都是奶油霜，但這款蛋糕體的質地更清爽，而且帶有咖啡的苦味，因此搭配了具有酸味的優格霜。許多人吃一口就愛上這樣的組合，現在已經成了廣受歡迎的蛋糕口味。

6　蛋糕體從烤盤取出後放到網子上，稍微降溫後，表面蓋上一層保鮮膜，以免放涼的過程中變得乾燥。

7　製作輕奶霜。
鮮奶油裡加入砂糖，放進裝有冰水的調理盆，在冰鎮狀態下打發。
打到可以稍微拉出尖角的硬度時，再加入優格繼續攪拌。
（打到類似奶油霜那樣有點份量且滑順的奶霜狀即可。）

8　蛋糕體放涼之後撕掉上方的保鮮膜，在燒烤的那一面塗滿奶霜。
（最前端留下5公分左右不要塗奶霜，捲起來會更漂亮。）

9　由內往外捲起來（圖2）用保鮮膜包好，放進冰箱冷藏30分鐘。

（圖2）

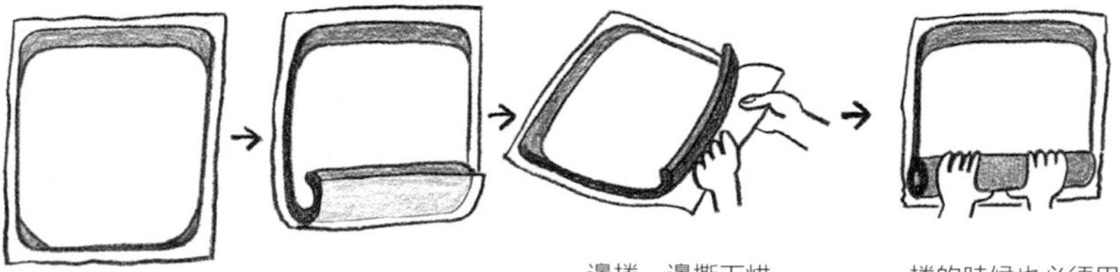

最前端留下5公分左右不要塗奶霜。

開始捲的時候，連同下方的烘焙紙一起拉起來。

一邊捲一邊撕下烘焙紙。

捲的時候也必須用力壓緊。

愈來愈多人愛上這款清爽奶霜的蛋糕卷！呵呵呵……

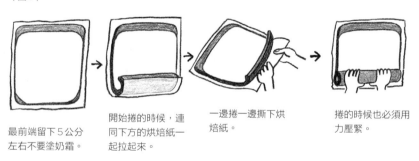

# 摩卡卷

**材料（30公分方形烤盤1個）**

**咖啡蛋糕體**

蛋……3顆

二號砂糖……70公克

菜籽油……1大匙

咖啡液……即溶咖啡3大匙加入2大匙熱水，充分溶解

低筋麵粉……50公克

**輕奶霜**

原味優格……1盒（500公克）

鮮奶油……150毫升

二號砂糖……50公克

**準備**

- 優格放在咖啡濾紙上，放進冰箱靜置半天或隔夜，瀝乾水分（水分會比想像中來得多，下方用咖啡壺或其他較深的容器承接）。
- 在烤盤上鋪好烘焙紙。
- 蛋白和蛋黃分別打入不同的調理盆。蛋白先放進冰箱冷卻5～10分鐘。
- 烤箱預熱至攝氏190度。
- 冷凍庫裡備好冰塊

**作法**

**1** 調理盆中加入蛋黃以及一半的砂糖，用攪拌器輕輕混合。接著依序加入菜籽油、咖啡液，每加入一種材料都要均勻攪拌。

**2** 篩入麵粉，充分攪拌到沒有顆粒殘留。

**3** 用電動手持攪拌器將蛋白打發，打到出現白色泡沫時，剩下的砂糖分兩次加入。
接著繼續打出細緻、能拉出尖角的蛋白霜（圖1）。

（圖1）

**4** 蛋白霜分3次加入**2**中。
每次用橡皮刮刀加入時要在泡沫還沒消失之前從底部俐落翻拌。

**5** 麵糊倒入模型中，用抹板之類的工具抹平表面，以攝氏190度的烤箱烤12分鐘。

## 一次又一次反覆做

對我而言，日常的點心除了正餐之外用來填肚子，也是吃了能夠放輕鬆、心情好，可以正面影響情緒的食物。也因為這個理由，我才會替自家點心坊取名為「foodmood」，持續不懈地做點心。

很多人認為，餐飲工作必須從日常生活中不斷發想出新花樣，但其實不少人只是不斷重複做著在家裡就很受歡迎的某幾道點心。即使種類不多，但就像媽媽會反覆做拿手菜一樣，只要有幾樣招牌產品就很足夠。我個人最喜歡具有營養價值、身體好吸收，「像正餐一樣的點心」。多半是些簡單烘烤就大功告成的茶褐色小點，但偶爾也會配合季節，加些當季食材來點綴。我覺得這樣的小變化最適合自己的個性。

我想，一定是從小愛好實驗的精神使然，讓我這固執的味覺得以有一點小小的改變吧。

# 甜點點心

## 想來點滑溜口感

有時就是會想吃些口感暢快、冰冰涼涼的點心。
明知道得注意別吃太多，以免體質偏寒，
但實在太好吃，很難「只吃一點點」就停手。

在常溫下也很容易凝固、做起來方便簡單的寒天，很適合我這種懶人。過去飲食以蔬菜爲主時，我常會在豆漿、果汁裡加寒天做成凍，用湯匙挖著吃。
牛奶凍裡加入煉乳，更添奶香。搭起來最適合的就是帶有酸味的漬草莓。有人看到加了巴薩米克醋會大吃一驚，但香醇奶味佐以口感濃郁的草莓，眞是絕配！這款點心也很適合當作下午茶。

# 奶凍漬草莓

**材料（容量500毫升的調理盤或果凍模型）**

**牛奶凍**

寒天粉……1小匙

煉乳……3大匙

鮮奶……400毫升

**漬草莓**

草莓（熟成）……1包

二號砂糖……3大匙

巴薩米克醋（Balsamico）……2大匙

**作法**

1 製作牛奶凍。
所有材料加入鍋裡，用中火加熱，不斷攪拌。
煮沸後轉小火，再加熱2分鐘左右。

2 倒進用水沖溼的容器中，稍微放涼之後放進冰箱，冷藏1小時以上讓奶凍凝固。

3 製作漬草莓。

4 草莓清洗後去蒂，每顆切成2～4等份，放進調理盆裡，加入砂糖、巴薩米克醋，用湯匙拌一下，讓草莓入味。
放進冰箱冷藏約30分鐘。

5 奶凍切成方便食用的大小，加到漬草莓的調理盆中，拌勻之後連同醬汁分裝到小碗裡。

想像不到的新滋味，
一吃就停不下來！

# 抹茶葛粉布丁

**材料（容量500毫升的調理盤或果凍模型）**

抹茶……1大匙

葛粉……20公克

二號砂糖……3大匙

鮮奶……400毫升

蜜紅豆……適量

**作法**

1 調理盆裡篩入抹茶粉，加入葛粉、二號砂糖之後，再慢慢加入一半的牛奶，攪拌均勻。

用橡皮刮刀或指尖壓碎葛粉顆粒，加入剩下的鮮奶攪拌融化。

用細網眼濾網過濾。

2 倒入鍋裡用中火加熱，以橡皮刮刀不斷攪拌，等到開始冒泡、快煮沸並呈現黏稠狀時，調成小火，再繼續加熱及攪拌約5分鐘。

（要是一煮沸就立刻關火，吃起來會是帶有顆粒的口感，記得一定要徹底加熱。）

3 倒進用水沖溼的容器中，稍微放涼之後放進冰箱，冷藏2小時以上讓奶凍凝固。

4 裝到小碗裡，加點蜜紅豆。

攪拌時大力一點。鍋子底部跟鍋壁容易燒焦，要特別留意！

葛粉是很方便的食材，不僅能做點心、入菜，煮薑茶也行。我會用小瓶子裝起來，在家中常備。

牛奶中加入葛粉做出來的抹茶風味葛粉布丁，口味濃醇高雅。熬煮時出現黏稠感之後，再多煮一下，就能去除食用時的顆粒口感。做這道點心需要多點耐心，加油！口感滑嫩Q彈，是有別於慕斯或奶酪的新滋味。

# 豆腐奶酪

**材料（布丁模型或寬口小杯4個）**

板豆腐……100公克（約1/3盒）
鮮奶油……50毫升
豆漿……200毫升
二號砂糖……40公克
寒天粉……1/2小匙

**作法**

1 豆腐放進食物處理機或果汁機攪拌到滑順，倒入調理盆。
（也可以放進研缽裡磨細，或是用較粗的濾網過濾。）

2 豆腐之外的材料倒入鍋裡，以小火加熱，用橡皮刮刀不斷攪拌到煮沸。
沸騰後加入寒天粉溶解，不要馬上關火，繼續用小火煮約2分鐘。
（要是加熱不夠，冷卻後也不會凝固，要特別留意。）

3 趁熱時將**2**一點一點加入裝豆腐的調理盆，用攪拌器拌勻到滑順。

4 過濾後倒進用水沖溼的容器中，稍微放涼之後放進冰箱，冷藏1小時以上讓奶凍凝固。

5 淋點喜歡的醬汁一起吃（照片上是加水稀釋過的橘子果醬）。

不刻意強調豆腐的風味，但入口後恰到好處的溫醇味道，仍充分凸顯豆腐的存在感。除了保證絕配的黑糖蜜與蜜紅豆，經過稀釋的果醬也很適合。

要另外倒入容器盛裝時，先用刀子或竹籤在模型周圍劃一圈，就能漂亮脫模。

# 浸漬果乾優格

**材料（方便製作的份量）**
原味優格⋯⋯1/2盒
喜好的果乾⋯⋯（李子、杏桃3～4顆，芒果乾3～4片，藍莓約2～3大匙）

**作法**

1　喜好的果乾切成一口大小，浸泡在優格裡。

2　在冰箱裡浸漬一晚。
（浸漬時間過久會讓果乾的風味跑掉，請在2～3天內吃完。）

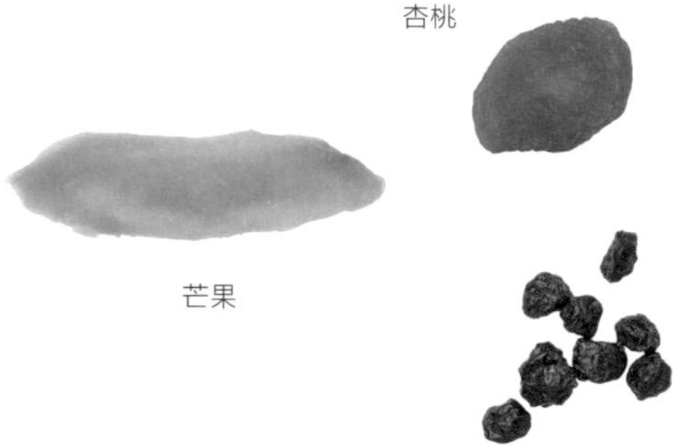
李子
藍莓

哇，好像新鮮水果！
原本皺巴巴變得好水嫩！

自從在工作的店家學到這招，我就用各種不同的果乾試做過。果乾吸收優格中的水分之後，會意想不到變得水嫩多汁。優格則因爲少了一些水分，吃起來格外濃郁。每種果乾分開來浸漬，味道就不會混在一起。

# 扎實布丁蛋糕

**材料（直徑20公分×深5公分的耐熱器皿）**

低筋麵粉……3大匙

蛋……1顆

楓糖漿……3大匙

鮮奶（豆漿亦可）……250毫升

蘭姆酒（依個人喜好）……1小匙

香蕉……1根

**準備**

- 在容器內層塗上薄薄一層油（另外準備）。
- 烤箱預熱至攝氏180度。

**配料（依個人喜好）**

發泡鮮奶油（鮮奶油加入砂糖打到出現鬆軟泡沫）……適量

楓糖漿……適量

**作法**

1 低筋麵粉篩入調理盆，再加入蛋和楓糖漿，用攪拌器充分打到滑順。

2 一點一點加入鮮奶後，加進蘭姆酒，拌勻之後過濾倒入容器中。

3 香蕉切成一口大小，平均鋪在上方。
以攝氏180度的烤箱烤約30分鐘，直到表面呈現漂亮金黃色。
用竹籤插入正中央，沒有冒出黏稠的麵糊就表示完成。
（如果使用較深的容器，表面烤到金黃色時，在上方鋪一張鋁箔紙，繼續多烤一下讓內部熟透。）

4 稍微散熱之後放進冰箱冷藏。
食用時，可依個人喜好加點鮮奶油霜或楓糖漿一起吃。

可直接用手在容器內塗油，很好玩。

這款點心的法文原文是「clafoutis」，因此又叫「克拉芙緹」，吃起來就像是布丁加上蛋糕的扎實口感。我第一次吃時，被這種難以形容的口感嚇了一跳。除了香蕉之外，和無花果、莓類等水果一起烤也非常適合。此外也推薦稍微加熱過的番薯或南瓜。

# 《吃點心囉》的七項工具與基本必備材料

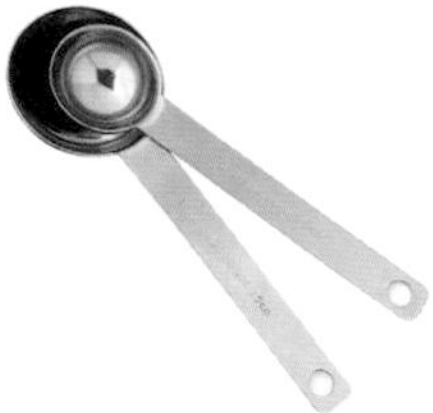

**1 大小量匙**

幾乎做每道點心時都會用到。湯匙的部份有一定深度，容易判斷出份量。建議不要只準備一支，應該要備齊一組大小量匙。

**2 電子秤**

有一台會很方便。習慣秤重之後，或許從重量就可以判斷並掌握到完成後的外型。這種電子秤在生活用品賣場就買得到，價格大約從1000日圓(約合台幣270元)起跳。

**5 溼布**

我做點心時絕對少不了溼布。無論打發泡沫或是攪拌時，我都會將溼布墊在調理盆下方，調理盆就會穩定不亂滑，作業起來流暢許多。

## 七項工具

這些工具不只方便，可說是根本少不了！經常有人訝異地對我說，「你的工具好少！」其實真正的原因是我很不擅於整理，加上家中空間有限，因此會盡可能減少物品。這七項工具，每一樣都是我日常中反覆使用的必備品。接下來就看個人喜好來挑選使用。

## 烤箱

我刻意沒把它列入七項工具之中，但對於喜歡烤點心的我來說，烤箱也是很重要的工具。最近價格實惠的微波烤箱愈來愈多，趁著有興趣時買一台，相信之後能做出更多美食。如果要用小烤箱來做點心，最理想的機種是內部空間大，並能調節溫度。否則也可以多花點

**4 調理盆**

挑選一個自己好拿、順手的形狀。不鏽鋼材質的熱傳導效果比較好。基本上一組包括大小不同尺寸。如果預算及空間足夠，同樣尺寸準備兩個的話，作業上會更方便。

**3 量杯**

想要方便辨識刻度的話，使用200 ～ 250毫升的大小就已足夠。最理想的是以10毫升為單位，如果是以50毫升為單位的量杯，也可以配合量匙使用。

**7 橡皮刮刀**

推薦耐熱矽膠材質的產品。比木質刮刀更有彈性，連角落裡的麵糊都能刮乾淨。此外也可以用來炒菜、燉煮，運用在日常烹飪上。

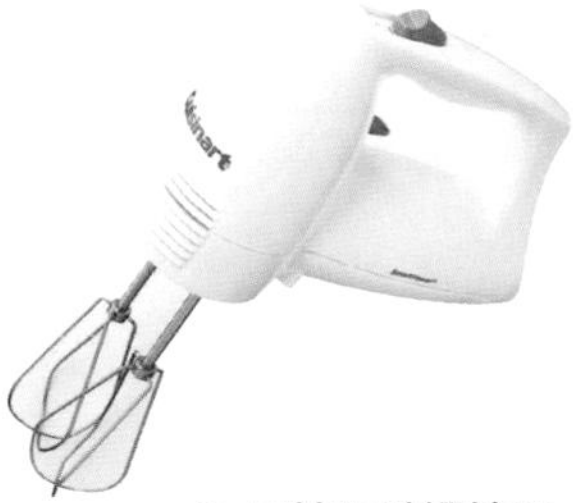

**6 手持電動攪拌器**

這類電動攪拌器在一般賣場就能買到，價格從1000日圓起跳。有一台就能輕鬆不費力地打到起泡，會讓人愈來愈想做點心。

工夫來改善，像是過程中蓋一張鋁箔紙。烤箱的差異很大，即使設定相同的溫度，有些會烤焦，有些則裡頭還沒完全烤熟。因此多加使用，掌握特性是一大關鍵。

## 替代品的選擇

當然，並不是沒有這些工具就不能做點心。比方說，我自己在做餅乾時，遇到要把麵糊擀薄的步驟，會用保鮮膜的硬紙筒芯，而非擀麵棍。準備材料或等候材料放涼時，小調理盆也可以用小碗代替；家裡沒有食譜中標示的模型時，用深一點的替代容器就烤久一點，用淺容器就縮短一點時間。稍微有些不同也別在意，希望大家能夠因應實際狀況，調整溫度與時間，盡量多方嘗試。

### 1 蛋

我在挑選時會盡量找接近自然環境飼養的雞蛋。本書食譜用的都是中型（M）大小的蛋。

### 2 麵粉

我大多使用讓烤出來的成品溼潤有彈性的日本國產麵粉。如果可挑選的話，請使用低筋全麥麵粉。記得麵粉開封後要放進冰箱保存。

### 3 菜籽油

我喜歡它濃醇好吃的特色。沒有菜籽油的話，也可以用白麻油或較清爽的橄欖油、葡萄籽油等。

### 4 砂糖

我大多使用甜味溫和且能讓人體緩慢吸收的二號砂糖（譯註：就是口語常說的「二砂」）和甜菜糖。此外，楓糖漿雖然價格稍高，但我也很喜歡。

## 材料

「看來好像需要特殊的材料……」這就是許多人覺得做點心很麻煩的最大原因。因此，最好盡量使用家中常備的材料來做。基本上大多會使用麵粉、雞蛋、砂糖與菜籽油。有時加入楓糖漿、奶油等，幾乎都是日常做飯時會用到的材料。

## 如何挑選

基本材料會左右整體的口味，選用自己喜歡、覺得好吃的即可。如果有好幾種廠牌供你選擇時，就避開價格最高和最低的。即使品質再好，如果材料費太高，就很難持之以恆。反過來說，太便宜的品項也會令人懷疑是否有詐……（當然偶爾也有例外）。這麼一來，自然而然就能挑選到適合的材料。

# 快手點心

## 想到立刻動手做

我常想，如果能用平常家中就有的材料，
花點工夫就能做出點心該有多好。
接著要介紹的點心或許最接近正餐。

# 南國蒸糕

**材料（直徑6公分的布丁模型4個）**

蛋……1顆
二號砂糖……40公克
菜籽油……1大匙
椰奶……80毫升
A ┌ 低筋麵粉……100公克
　└ 泡打粉……1小匙
芒果乾……4片

**準備**

- 在布丁模型內側（馬克杯或耐熱容器亦可）鋪上烘焙紙。
- 芒果乾切成1公分的小丁。

**作法**

1 調理盆裡加入蛋和砂糖，攪拌到沒有砂糖的顆粒感（沒有打到起泡也無妨）。

2 依序加入菜籽油、椰奶，每加一種都要均勻攪拌。

3 篩入A，用攪拌器迅速拌勻，接著加入芒果乾小丁。過度攪拌會讓麵糊變硬，只要攪拌到幾乎沒有顆粒殘留即可。

4 麵糊倒入布丁模型6～7分滿，放進鍋裡。
在鍋子裡倒入約布丁模型一半高度的熱水，罩一塊布再蓋上鍋蓋，用中火蒸15分鐘。
用竹籤刺進正中央，沒有沾附麵糊就表示完成。

蒸糕，有別於時下爭奇鬥豔的蛋糕，從過去到現在一直走平實路線。不過，剛出爐的美味絕對不亞於一般蛋糕。
只要把平常慣用的鮮奶換成椰奶，就能增添幾分亞洲風情。除了做成甜的口味，也可以加入乳酪、蔬菜等材料做成鹹食，改用較大的模型來蒸也很棒。各種變化可說無窮無盡。

# 豆腐湯圓

**材料（約30顆）**

糯米粉……100公克

板豆腐……150公克（約1/2盒）

**作法**

1　調理盆裡倒入糯米粉，一點一點加入豆腐，讓糯米粉吸收水分，溶入豆腐裡。一開始粉狀顆粒不容易壓碎，等到慢慢混合後會逐漸變得滑順。攪拌到麵團硬度和耳垂差不多。
（要是太軟就加入少量糯米粉，太硬就再加點豆腐。）

2　搓成一口大小的圓球，放入一大鍋煮滾的熱水中煮。
（正中央稍微壓凹會比較快熟。）

3　等到湯圓浮上水面再多煮1分鐘，撈起浸到冰水裡。

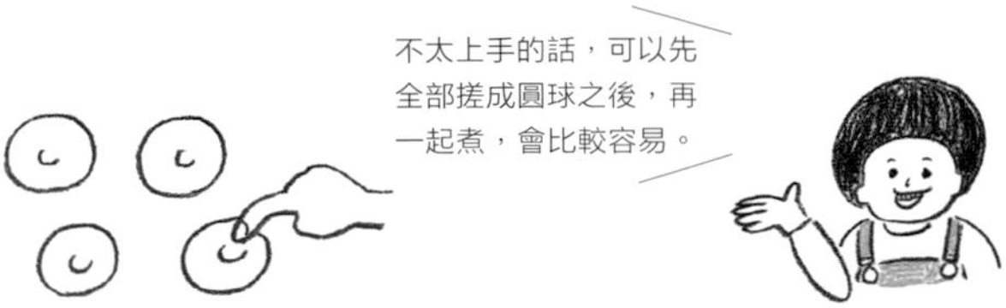
不太上手的話，可以先
全部搓成圓球之後，再
一起煮，會比較容易。

多種美味吃法

[ **甜醬油口味** ]

材料（方便製作的份量）

A
- 醬油……2大匙
- 二號砂糖……50公克
- 水……100毫升

太白粉液……略少於1大匙的太白粉（用50毫升的水調開）

作法

鍋子裡加入A用中火加熱，煮沸後等砂糖融化，再加入太白粉液勾芡。

[ **椰奶紅豆湯圓** ]

湯圓盛到碗裡，加入椰奶跟紅豆。冷熱都好吃。

另外也可以搭著黃豆粉＆黑糖蜜一起吃，放進清湯裡也很美味。

湯圓這種食物人見人愛——夏天的員工餐會搭配什錦水果，冬天則做成鹹湯圓湯。邊做邊看著白白圓圓的可愛形狀，心情都跟著好了起來。

用豆腐做出來的湯圓，就算放一段時間依舊柔軟有彈性。比光用糯米粉做的口感更為清爽，吃了不會腹脹。不過，要是吃太多一樣會脹吧？

# 麵包脆片

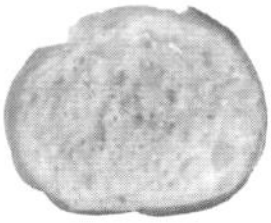
奶油＆薑味

楓糖口味

**材料（方便製作的份量）**

麵包……法國麵包1/2根
（沒什麼油脂及味道，非常簡單的麵包亦可）

**奶油＆薑味**

奶油……50公克
二號砂糖……50公克
薑汁……1大匙

**楓糖口味**

楓糖漿……50毫升
菜籽油……1大匙
水……1大匙

**準備**

- 麵包切成厚約0.7公分的片狀，用攝氏150度的烤箱烤到水分蒸散（時間約為15～30分鐘），變成麵包乾。
- 薑磨成泥，榨出1大匙的薑汁。
- 奶油放進鍋裡，用小火加熱，或是以隔水加熱方式融化。
- 烤箱預熱至攝氏150度。

**作法**

1　〈奶油＆薑味〉融化的奶油、砂糖、薑汁一起混合均勻。
〈楓糖口味〉調理盆中加入楓糖、菜籽油及水，用攪拌器拌勻。

2　依個人喜好的量將**1**塗在麵包上。也可以將麵包片稍微浸在楓糖漿裡。

3　麵包排放在鋪了烘焙紙的烤盤上，用攝氏150度的烤箱烤15～30分鐘，直到表面稍微上色。從烤箱中取出，在烤盤上放涼。

質地帶點溼潤也很好吃唷。

法國麵包經常是買了一條之後吃不完，放在廚房角落一下子就變乾變硬。遇到這種狀況就直接做成麵包脆片吧！
這裡介紹了濃醇奶油中帶著辛辣薑香的口味，以及楓糖溫潤的甜味。兩種口味輪流吃，肯定一口接一口停不下來！放入密封瓶、當作禮物送人也很討喜。

# 甜鹹堅果

**材料（方便製作的份量）**

個人喜愛的生堅果……100公克

（胡桃、杏仁果、腰果、夏威夷豆等混合堅果亦可）

楓糖漿……50毫升

不經加工即可食用的鹽……依個人喜好的量

**準備**

- 堅果放入平底鍋中，用小火炒出香味，再放進攝氏120度的烤箱烤15分鐘。

**作法**

1　平底鍋中倒入楓糖漿，以中火加熱。開始沸騰時會冒出白色大泡泡。

2　小火熬煮1分鐘之後，大泡泡會像泡沫一樣陸續消失，在這個狀態下一口氣加入所有堅果。待堅果表面都裹上楓糖漿之後，再依個人喜好的量撒點鹽，關火。

3　用刮刀持續攪拌一下，糖會慢慢結晶變白。將堅果一顆顆撥開，排在烘焙紙上放涼。如果有多顆黏在一起的撥散（小心燙手！）。等到完全冷卻之後才能裝進容器裡。

每次有人問我：「妳偏好的甜點材料是什麼？」我都毫不猶豫回答：「楓糖漿和堅果！」我這麼喜愛的兩大材料組合在一起，這道點心怎麼可能不好吃！甜味中帶點鹹，也滿適合下酒小菜。不過，鹽要是加太多反而會失去提味的功能，要特別留意。

這兩款點心口感鬆軟。
紅豆南瓜自古就常在每年冬至期間食用。楓糖的甜味容易入口，最適合拿來做點心。
檸檬口味則是只要一感冒就會想吃，很有媽媽的味道。多加一點檸檬會更爽口。
兩款點心用一個鍋子就能完成，適合做成家中常備點心。

# 燉煮點心

## 紅豆南瓜

### 材料

南瓜……1/4顆
紅豆（乾燥）……1/2杯（約80公克）
（不含糖的水煮紅豆罐頭亦可）
楓糖漿……3大匙
醬油……1小匙
鹽……適量
水……適量

### 準備

- 紅豆煮軟但不要煮破，然後瀝乾水分。
- 紅豆的煮法如下：紅豆洗乾淨之後加入大量的水以大火煮沸後，將水倒掉。重複兩次之後再加水，以小～中火煮到軟。過程中水變少時可適量添加。

### 作法

1 南瓜去掉瓜囊之後切成一口大小，放進鍋裡。倒入剛好淹過南瓜的水，用中火加熱。

2 煮沸之後調成小火，加入紅豆及A，蓋上落蓋，煮到湯汁收乾後（時間大約為15～30分鐘），加少許鹽調味。

## 檸檬煮番薯蘋果

### 材料

蘋果……1顆
番薯……差不多與蘋果等量
（小～中型1顆）
檸檬汁……1大匙
二號砂糖……2大匙
水……100毫升

### 準備

- 番薯削皮後切成1公分片狀（小的話切成圓片，大的話切成半圓片）後泡水。
- 蘋果削皮後切成4～6等份，去芯後再切成1公分厚的扇形片狀。

### 作法

1 厚鍋（類似鑄鐵鍋有厚度的鍋子）裡加入蘋果，再加入檸檬汁、砂糖後拌勻。接著在上方疊上番薯片。

2 鍋裡淋上水後蓋上鍋蓋用大火加熱。煮沸後蘋果也會出水，稍微攪拌一下，調成小火燉煮20～30分鐘直到番薯煮軟。（像糖煮那樣保留完整番薯外型也好吃，或者用大火煮到湯汁收乾，番薯一碰就碎的軟度也另有一番風味。）

## 聊聊茶與咖啡

吃點心時，我幾乎每次都會配焙茶或咖啡。咖啡因含量低的焙茶，隨時都能放心喝，我都會用保溫壺裝一大壺隨身攜帶。每當試做新品遇到瓶頸時，就會忍不住想到「能不能搭配焙茶呢？」如果是印象太強烈或是太複雜的口味，似乎很難掌握。但要是以可否搭配焙茶作為標準，口味就會很一致。焙茶的作法就是「用剛煮沸的熱水沖一大壺」，我覺得這樣最好喝。

另一方面，收到別人致贈或是做了特別的點心時，我就會配咖啡。其實咖啡應該下功夫與時間，以手沖方式才好喝，但我老是沒耐心，心想「用好豆子的話安啦！」全靠豆子來決勝負。因此，我會盡量買新鮮的咖啡豆。我最喜歡用稍多的豆子磨粗一點，迅速沖泡。

一躍為主角

# 飲品點心

喝一杯，有時活力十足，
有時溫暖到心坎。
飲品點心的優點，
就是喝了之後立刻具有飽足感。

# 果汁吧

炎炎夏日，如果能像去果汁吧一樣，挑選自己喜歡的飲料該多好──於是乾脆一次準備多種飲料，像點心一樣令人大大滿足。有的帶著辛辣薑香，有的是爽口梅酸，花點小心思就能享受到各種材料的清涼口感。話說回來，冷飲容易讓體質變得虛冷，暢飲之際也要留意別過量。

## 薑汁汽水

雖然入口辛辣，尾韻卻清爽。之前曾在盛夏的戶外活動中，一天做了好幾百杯。天氣冷的時候也可以兌熱水喝。

**材料（方便製作的份量）**

薑……2包（約200公克）
水……300毫升
二號砂糖……150公克
蘇打水……適量
（含糖或不含糖皆可）

**作法**

1　薑清洗後連皮磨成泥，或是切成適當大小放進食物處理機攪拌。（用食物處理機攪拌的話，先加入標示份量中一部份的水，就會接近薑泥的狀態。）

2　鍋子裡加入薑、水、砂糖，用中火加熱。煮沸之後調成小火，熬煮15分鐘，一邊撈掉雜質浮泡。
過濾後薑汁糖漿就完成了。
放入乾淨的玻璃瓶中保存。
（放冰箱冷藏可保存約2星期。）

3　玻璃杯裡加入適量冰塊與薑汁糖漿，再加入蘇打水拌勻即可。

## 無酒精水果酒

品嚐得到水果新鮮未浸漬的口味，因爲無酒精成分，所以連小孩子也能一起盡情享用。

**材料（方便製作的份量）**

葡萄汁……400毫升
鳳梨汁……200毫升
檸檬……1/2顆
肉桂棒……1根
水果……依個人喜好的量
（橘子、香蕉、葡萄柚、蘋果、桃子等選用自己喜歡的種類）

**作法**

1　葡萄汁及鳳梨汁倒入冷水壺，再加入削皮切片的檸檬及肉桂棒，放進冰箱冷藏超過1小時。

2　水果去皮。橘子和葡萄柚剝掉內側薄皮，香蕉、桃子、蘋果則切成方便食用的薄片。

3　在自己的杯子裡隨意加入水果後，倒入果汁（也可依個人喜好兌蘇打水）。

## 梅子汽水

各種梅子料理中最簡單的就是梅子糖漿。只要把梅子丟進瓶子裡，放一段時間即可。在容易中暑的夏天，不知道有多少次我都靠這一杯重新提振精神。

**材料（方便製作的份量）**

青梅……500公克
二號砂糖（甜菜糖亦可）……500公克
蘇打水……適量
（含糖或不含糖皆可）

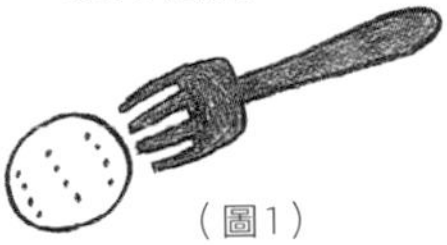

（圖1）

**作法**

1 青梅清洗乾淨之後，去掉蒂頭，仔細將水分擦乾。用竹籤或叉子在整顆梅子表面刺洞（圖1）。

2 在乾淨的密封玻璃瓶（煮沸消毒或是用燒酎等較高濃度的酒精擦拭瓶內）裡交替鋪上一層梅子、一層砂糖，最後一層鋪上滿滿的糖，完全覆蓋住梅子。然後放在陰暗冷涼的地方（放在高溫的地方容易發酵，要特別留意）。

3 砂糖會逐漸溶化，梅子也會滲出汁液，每天輕輕搖晃瓶子1次。

4 經過10天～2星期左右，等到砂糖全部溶解，梅子糖漿即完成。
取出梅子，將糖漿放進冰箱保存。
（冷藏可保存1個月左右。）

5 玻璃杯裡加入適量冰塊和梅子糖漿，再倒入蘇打水調勻。

## 檸檬牛奶

看似不可思議的組合，在越南卻是非常受歡迎的飲料。喝起來就像是清爽的優酪乳。

**材料（1人份）**

檸檬（萊姆亦可）……1顆
煉乳……2～3大匙
鮮奶……150毫升

**作法**

1 檸檬搾汁，準備2大匙的果汁。

2 所有材料混合後，倒入裝有冰塊的玻璃杯中調勻。

果汁糖漿用季節水果製作，
可以嘗試不同口味，
非常有意思。

# 鮮奶焙茶

**材料（2 ～ 3人份）**

焙茶茶葉……1撮
水……100毫升
鮮奶……300毫升
二號砂糖（黑糖亦可）……適量

**作法**

1 焙茶用磨粉機或研缽磨細，準備2大匙。（也可以用廚房紙巾把茶葉包起來，用菜刀剁碎。）

2 鍋子裡加入水，用中火加熱到沸騰，加入磨細的茶葉，輕輕晃動鍋子，讓茶水均勻。

3 加入鮮奶後用小火加熱，等到開始沸騰冒泡後，再繼續熬煮2 ～ 3分鐘。

4 奶茶過濾後，倒入到茶杯裡，再依個人喜好加入砂糖。
（糖可以多加點，甜味就能跟茶的苦澀達到完美平衡。）

像焙茶這類咖啡因含量低的茶，就算晚上喝也不要緊。熱熱喝一杯，感覺特別好睡。雖然稍微費點工夫，但多了將焙茶茶葉磨細的步驟，更能凸顯焙茶的風味，一點都不遜於鮮奶。

# 杏桃甘酒

**材料（方便製作的份量）**

杏桃乾……10顆
水……50毫升
蜂蜜……2大匙
甘酒……適量

**作法**

1 製作杏桃果泥。
鍋子裡加入杏桃乾，以及剛好可以淹過杏桃乾的水（份量外），用小火熬煮到水分收乾，杏桃乾變軟。
如果還沒煮軟水就收乾的話，再加點水繼續熬。

2 杏桃乾煮軟後，放進果汁機或食物處理機，加入蜂蜜、水，打成質地滑順的果泥。
用研缽或叉子的話，要先單獨將杏桃乾搗碎，之後再加入水和蜂蜜。

3 材料移回鍋子裡，用小火加熱並不斷攪拌，直到開始煮沸冒泡。

4 溫好的1人份甘酒倒進杯子裡，加入約1大匙的杏桃果泥，輕輕攪拌後即可飲用。
（多餘的果泥可以放入乾淨的密封容器，放進冰箱冷藏可保存3天左右。）

很多人覺得甘酒「太甜難以入口」，但加入帶有酸味的杏桃泥，就會變得好喝，讓人上癮。
溫飲的美味不在話下，其實夏天要消暑也很推薦冰涼飲用。

# 《吃點心囉》不失敗點心小百科

在運用這本食譜時，如果有覺得「是不是失敗了?!」或是「看起來像一般的說法但搞不太懂」的用詞時，可以先嘗試翻閱這份小百科。

這裡集結了各種個人經驗，希望可以讓各位讀者參考，當你「還想再挑戰一次」時，可以更輕鬆。內容包含了「不知道一般用語該怎麼說」，或是解釋不清楚、無從發問的說法，加上各式各樣的失敗經驗。筆者至今還是經常失敗唷！

**—使用方法—**

條目以食材、料理器具、料理手法等份類。例如，發生「寒天不會凝固」的狀態時，讀者可能會不知要從哪個字彙查起。是「寒天」還是「不會凝固」？這時可以從任何一個用詞來查詢。

而各條目的例子會以容易了解其義為優先考量。

**—標記的意義—**

— 代表各條目的延伸說明

→〇〇 參考〇〇

例）〇〇 參考〇〇的例子

## 食材

**【椰子】—椰奶**：將成熟椰子的果實中白色果肉刮下後加入熱水混勻，壓搾過濾而成。加到食材中，立刻瀰漫南國氣息。加在咖哩裡也很好吃唷。

**—椰子粉**：將椰奶乾燥製成。可以用來取代一部份的麵粉，或是要加入椰奶又不想要有多餘水分時使用。

**—椰子絲**：將削下來的椰子果肉乾燥後，再製成粉末。加到餅乾裡會有清脆的口感與香氣。

**—椰子條**：以椰果纖維製成的長條狀。

**【果泥】**將水果搗成泥，再經過熬煮而成。要是用不乾淨的瓶子裝，就會發霉。

**【煉乳】**含糖煉乳。小時候曾妄想要占為己有的東西。另外也有無糖煉乳。

**【鮮奶油】**從鮮奶分離出的新鮮奶油，濃醇芳香。→冰鎮

**【生蛋】**記得一定要用新鮮雞蛋。

**【紅豆】**用來做紅豆餡、紅豆飯以及甘納豆等食品。因為顆粒小，煮之前不用浸泡也無妨。

**【豆腐】**黃豆加水搗碎後，將搾取的汁液（豆漿）加熱再以鹽滷凝固而成。嫩豆腐的口感細滑，板豆腐則相對粗糙。本書中為了品嚐到豆腐的風味及口感，使用的都是板豆腐。

**【生堅果】**沒炒過的堅果。做甜點時多半使用沒加鹽和油的生堅果，可依照自己的喜好來炒到想要的熟度。

**【松露】**據說是全世界三大美味之一的蕈類，或指外型類似的巧克力。

**【巧克力】**以可可豆為原料，加入砂糖後提煉而成。雖然也有做甜點專用的巧克力，但本書中介紹的點心用一般巧克力即可。

—**巧克力切得細碎**→切碎

**【罌粟籽】**罌粟的種子。常見的有兩種顏色，撒在紅豆麵包表面的白色，以及用在蛋糕上的深色種子。

**【蘭姆葡萄乾】**將葡萄乾放到蘭姆酒裡醃漬。烤蛋糕或是吃冰淇淋時，可以放在表面點綴。

**【米麴】**製作日本甘酒（類似酒釀的飲品）時使用。

**【酒粕】**日本酒的酒醪搾完酒之後的白色殘渣。有特殊的香醇風味，用來製作日本甘酒或酒粕味噌湯。做餅乾或蛋糕時加入也很好吃。

—**迅速拌勻**→拌勻

**【粉】**—**寒天粉**：製成粉末狀的寒天。方便使用。

—**殘留顆粒感**：粉類材料沒有拌勻，還看得到顆粒。

—**粉狀感**：水分不夠，加熱不足的感覺。

—**撒粉**：擀麵團時為了不讓擀麵棍被麵團黏住，會撒一點麵粉。用量要控制好，撒得太多會讓麵團變硬。也可以在麵團上蓋保鮮膜之後再擀。

—**篩粉**→過篩

—**手粉**：作業過程中為了不讓麵團黏手而撒在手上的麵粉。

**【杏仁粉】**將杏仁壓碎磨成粉。也可以用食物處理機打碎杏仁，來代替市售產品。由於油脂含量高，可以讓成品質地溼潤，或是增加口感的濃醇度。

**【太白粉】**主要由馬鈴薯的澱粉製成。用法跟葛粉一樣。

—**太白粉液**：太白粉加入液體可增添黏稠感。一定要在沸騰狀態下加入，否則就會結塊。

**【葛粉】**將葛根乾燥後製成，用來勾芡。據說有溫熱身體的效果，也當作漢方藥材使用。

**【寒天】**由紅藻類萃取製造的食材，富含食物纖維，主要用來讓液體凝固。一般市售的寒天棒狀產品要先泡水才使用，寒天粉則能直接使用。在接近常溫時就會凝固，本身沒有味道與氣味，非常好用。

—**寒天不會凝固**→不會凝固

—**寒天粉**→粉

**【泡打粉】**用來讓麵團膨脹。分成添加鋁和

無鋁兩種。無論是哪一種，記得都要少量使用，加太多的話味道會嚇死人。又稱為發粉、蘇打粉。↓苦

**【水】—瀝掉（優格裡的）水分**：把優格倒入鋪了濾紙的咖啡濾杯，或是鋪了廚房紙巾的篩網上，乳清就會流到下方，變成類似白乳酪(Fromage blanc)。加點果醬或蜂蜜，光是這樣就是一道很棒、很好吃的甜點。

**—去除水分**：放入篩網裡讓多餘的水分濾掉、甩掉，或是用布或廚房紙巾吸掉。

**—收乾水分**：加熱讓水分蒸發掉。

**—泡水**：浸泡在水裡，或是用流動的水持續沖洗。

**—灑水**：揉麵過程中要加水時，要是全加在一處，會使得水分吸收不均勻，揉不成麵團，因此要整體均勻灑水。

**【冰水】**放有冰塊的水，或是預先冰透的水。

**—泡在冰水裡**：先準備好冰水，將汆燙好的食材泡在裡頭。這樣處理湯圓的話，吃起來就會有扎實Q彈的口感。

## 調味料

**【自然鹽】**未經化學處理過的鹽。鹽滷含量高。也叫做天然鹽。

**【甜菜糖】**富含寡糖，對腸胃比較好。以甜菜為原料製成，多為來自北海道的產品。據說比蔗糖好，不會讓體質變寒，但還是要留意別攝取過量。

**【油】**本書指的是菜籽油。

**—薄薄塗一層油**：為了不讓麵團黏底，器具裡會塗上少量的油。如果塗太多，成品會變得油膩膩，也可能出現油斑。一般作法是先滴上一點油，再用廚房紙巾抹勻。如果使用的是鐵氟龍或樹脂加工的平底鍋，因為不會黏鍋，所以多半可省略這個步驟。

**【巴薩米克醋】**經由葡萄發酵製作而成的醋。比一般的醋滋味更溫醇，適合個性鮮明的食材。

**【肉桂】**帶著甜甜的刺激性味道及香氣。喜歡與討厭的人皆有之。將肉桂樹的樹皮剝下之後乾燥製成。又稱桂皮。

## 料理手法

**【切】—切戚風蛋糕**：不要從上方直接按著蛋糕往下切，而要像鋸子一樣前後抽動刀刃，才不會弄壞蛋糕體。幾乎所有的蛋糕或派都是用同樣的切法。

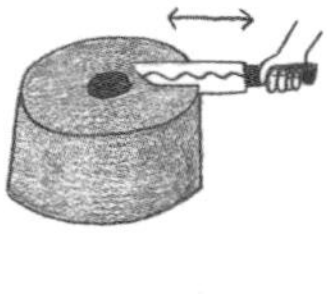

以下介紹各種不同的切法：

**—摩卡卷切片**：帶有鮮奶油的蛋糕，要先將刀子在熱水裡泡一下，加熱過擦乾水分，接著以切戚風蛋糕相同的手法，切口就會很漂亮。

**—一口大小**：可以剛好輕鬆一口塞進嘴裡的大小。跟男性的大拇指差不多。

—**切圓片**：將切口為圓形的材料直接從一端切成圓片。

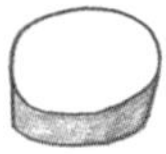

—**切半圓片**：切圓片之後再切一半。或是先將食材縱切一半，然後再切片。

—**切扇形片狀**：將半圓片再切一半。因為外型類似銀杏葉，在日文裡又稱為「銀杏葉切法」。也可以將食材縱向以十字切開後再切片。

—**切骰子丁狀**：切成邊長1～2公公分的丁狀，跟骰子大小差不多。

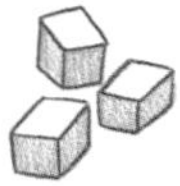

**【切碎】**—**切碎成粗粒**：有時候切得太細會沒什麼口感，保留粗粒反而比較好。不用切得太仔細。

—**切得細碎**：用到巧克力時，用削的方式切得細碎，就能立刻受熱，很快融化。另一個重點則是要碎得均勻。例）P.19小鹿松露巧克力、P.30微甜巧克力蛋糕。

**【皮】削皮**→削

—**剝掉烤番薯的皮**：熱騰騰的烤番薯要剝皮時，可以將手指先用水沾溼，再用布包起來剝。

**【磨泥】**用磨泥板等工具摩擦食材，以取得食材的汁液或外皮。若目的是取得汁液，用較細的磨泥板會比粗的更理想。如果是要磨下檸檬或橘子等柑橘類的外皮當作材料，記得不要磨到白色內膜纖維，以免帶有澀味。另外也有專門磨乳酪和水果外皮的刨刀（Grater）。

**【拌勻】**比「攪拌」的程度少一些。

—**迅速拌勻**：不要拖拖拉拉，快速俐落將材料拌均勻。

**【和勻】**攪和在一起→攪拌

**【打不起泡】**調理盆裡是不是沾了水或油？食材如果不新鮮就會馬上知道。另外，放太久的雞蛋也很難打發。

**【打發、起泡】**攪拌液體後，冒出泡沫膨脹的現象。每種食材有適合的起泡方式。鮮奶油攪拌過頭的話，口感會變得乾乾硬硬。→乾燥粗糙

通常會看到各種起泡的方式，接下來依質地柔軟程度依序介紹：

—**打到變白**：一開始是食材的原色，接下來跟空氣混合之後逐漸變得有點白，而且質地也濃稠了起來，但還沒膨脹。

—**可以拉起柔軟的角**：即可用攪拌器拉起柔軟的尖角，而且是會慢慢倒下的硬度。如果打的是鮮奶油，這樣的硬度就是要塗抹在蛋糕表面，或是夾在蛋糕卷裡不會流出來的程度。例）P.8香蕉卷餅的奶油餡，或是P.48橘子戚風蛋糕裡的蛋白霜。

—**拉出直挺尖角**：用攪拌器能拉出直挺的尖角，而且不會立刻倒下。用在蛋糕體麵糊的蛋白霜，以及蛋糕的裝飾擠花。例）P.47摩卡卷的蛋白霜。

**【角】**—**拉起尖角**：打蛋白霜或鮮奶油時，尖

端呈現挺立的狀態。↓打發、起泡

**【搓揉】**抵著調理盆的側邊，或是工作台，稍微用力按壓搓揉。這樣子就能擠壓出麵團裡的空氣，讓質地更滑順。

**【過篩】**粉類材料如果不過篩直接使用，會殘留顆粒，吃起來口感不好（餅乾或派例外）。↓顆粒

由於希望粉類材料之間含有空氣，在過篩時，調理盆與網子（或篩子）之間要留下大約一個拳頭的空間。如果不喜歡粉類飛散，也可以不要用調理盆，改鋪一大張紙。

**【醒麵】**讓麵粉中的麩質（黏性的來源）作用趨緩，可使接下來的作業變得更輕鬆，也能有效地幫助麵團質地更均勻，做出的成品口感會更好。試過就能清楚了解效果。做洋蔥脆餅時不可醒麵，否則會讓油脂浮出來。

**【黏稠】—勾芡：**將液體變得帶點黏稠的狀態。用得太多會變得像一團軟膠。↓太白粉↓葛粉

**【過濾】**用濾網或濾紙，把混在液體中的顆粒或渣滓去除。

**—用篩網過濾：**跟過篩的作用差不多。因為沒有顆粒殘留，吃起來的口感更好。做抹茶葛粉布丁時，在加熱前花點工夫過濾，成品會變得更滑嫩。

**【乾炒】**平底鍋或鍋子裡不加水或油，直接加熱。用在想帶出焦香風味或蒸散水分時，如乾炒堅果。

**【悶煎】**用平底鍋等鍋具煎煮時，加入水分一邊加熱。想要讓成品變得溼潤、帶焦香時，常會用這種方式。

**【蒸】**用蒸氣炊煮食物。沒有蒸鍋的話，就在鍋底倒入熱水，放置蒸架（百圓商店等都買得到），再把材料放在蒸架上。加熱蒸糕時，可以直接把容器放進鍋子裡，加入高度到容器中央的熱水即可。無論使用蒸鍋或一般鍋子，記得在鍋蓋與鍋子之間夾一塊布。不這麼做的話，蒸的時候水蒸氣會滴在食材上，變得溼爛。可以用布把鍋蓋包起來，在把手上打個結，這麼一來也不用怕火燒到布角，比較安全。要特別留意的是蒸鍋不要空燒，以免導致火災。

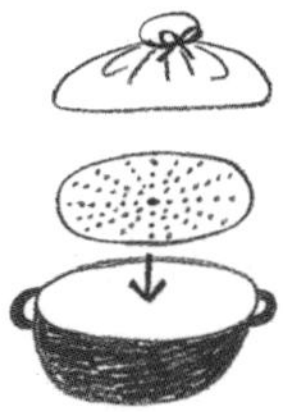

**【熬煮】**小火熬到水分收乾。

**【隔水加熱】**不直接放在爐火上，而是放入裝有熱水的調理盆或鍋子中，隔著水間接加熱。外側裝水的調理盆要是太大，容易使熱水溢出，混到材料裡，因此最理想就是用兩個大小差不多的容器套在一起。外層的熱水如果保持在沸騰狀態，會導致材料煮熟、性質改變，因此熱水的溫度最好控制在50～60度。在融化巧克力、奶油，還有打蛋

時，這種隔水加熱法非常方便。

**【預熱】**為了能在設定的溫度下燒烤，將烤箱預先加熱到該溫度。這麼一來，烤的時候就不需要等烤箱升溫的時間，也比較不會烤不熟。此外，過程中如果經常開開關關烤箱門，會讓溫度下降。

**【煮沸消毒】**玻璃密封罐的殺菌方法之一。鍋子裡加大量的水，放入耐熱瓶，煮沸後靜置自然乾燥。要是沒有完全乾燥就使用，日後會發霉。

**【冰鎮】**打發鮮奶油時很重要。在調理盆裡放進冰水，裡頭再放入裝有鮮奶油的另一只調理盆攪拌。如果不加以冰鎮，油脂就會分離，很可能打出乾燥粗糙的鮮奶油。→乾燥粗糙

**【包】**用薄膜、紙片或麵皮，將材料整體包覆起來。→鋁箔紙→放涼

**【茶巾】**—**茶巾包**：將餡料像用茶巾一樣包起來，有時候也會用保鮮膜來代替布。把材料包起來，將封口扭緊，然後剝掉保鮮膜，就能捏出收口皺褶的折角。

**【輕輕蓋上保鮮膜】**烤好的點心很脆弱，要是包得緊實不透風，可能會弄碎弄壞，要輕柔地覆蓋並多留點空間。

→鋁箔紙

**【攪拌】**講到攪拌，其實每種點心需要的攪拌程度各有不同。要是都用同樣的方式，最後可能會做出跟想像中完全不同的成品。此外，在調理盆（容器）下方墊一塊布，有助固定，作業起來更輕鬆。

—**簡單攪拌**：不要全部拌勻，還看得出每種材料的外觀就可以。

—**輕輕攪拌**：垂直拿著刮刀攪拌，不用太大力。

—**迅速攪拌**：不要拌太久，速戰速決。

—**邊翻邊攪拌**：在拌勻麵粉類或蛋白霜時的基本動作。用左手將調理盆往自己傾斜45度，慢慢旋轉，右手拿橡皮刮刀將麵糊從底部翻起攪拌。這樣就不會讓辛苦打發的泡沫消失。

—**邊磨邊攪拌**：攪拌時像是摩擦調理盆的底部。跟打發時的動作不一樣。邊磨邊攪拌砂糖跟蛋液。

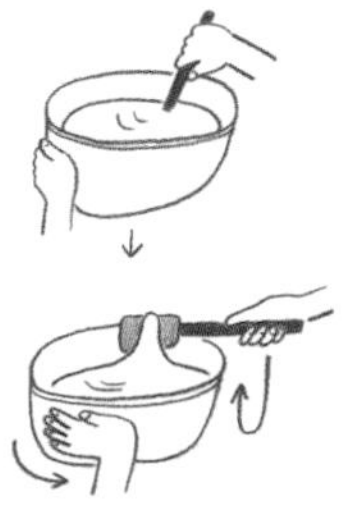

—**不斷攪拌**：這樣才不會燒焦或是結塊。

—**俐落攪拌**：用於花太多時間會讓泡沫消失，或狀態改變的時候。但除了快之外還要攪拌得仔細，必須攪拌得均勻。

—**輕柔攪拌**：不要用蠻力亂攪一通。

—**拌勻但不用力壓**：不要用力擠壓，稍微拌勻即可。

—**徹底攪拌**：把所有材料攪拌直到合為一體。

**【壓碎】**—**壓碎成粗泥**：稍微壓碎讓材料還保有外型，但吃在嘴裡能感受到口感。通常會用叉子輕壓，讓完成的餐點更有手做自製的感覺。

# 料理器具

**【調理盤】**淺底的方形容器。材質多半是琺瑯或不鏽鋼。可以用來代替模型，或是用來備料，非常方便好用。

**—在調理盤裡鋪上烘焙紙**→模型

**—調理盤用水沾溼**→模型

**【烤盤】**烤箱內附的金屬盤。

**【鋁箔紙】**用來包起、墊底，或是鋪在模型底部的金屬薄片。

**—用鋁箔紙包起來放涼**→放涼

**【烘焙紙】**為了防止食材黏在模型或烤盤上用來墊底的紙，也叫「料理用紙」。蒸烤皆宜，非常方便好用。另外也有一種烤箱專用且能清洗重複使用的烘焙紙。→模型

**【模型】—脫模**：點心做好之後，最後一步要從模型中取出時的緊張時刻。例）P.40橘子戚風蛋糕脫模方式示意圖。

**—在模型裡鋪上烘焙紙**：要是不鋪烘焙紙，麵糊就會黏在模型裡或烤盤上（戚風蛋糕除外）。作法如下列步驟所示：

①把烘焙紙放在容器下方，比對容器的大小對折。

②沿著容器大小將烘焙紙四角多餘的部份剪開。

③展開圖。

④把多餘部份往內折，一邊套到容器內側。

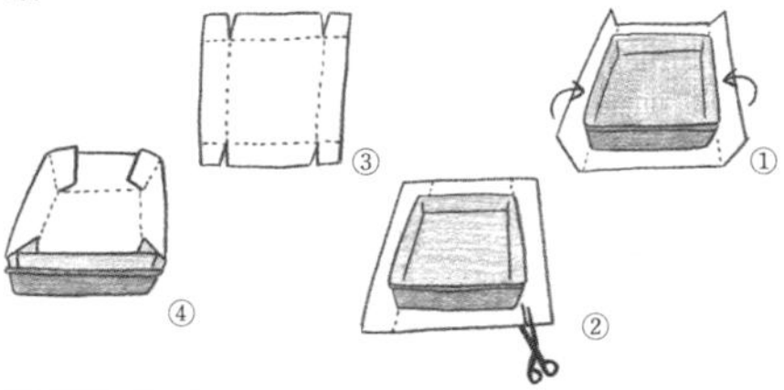


**—在模型裡蓋上鋁箔紙**：如果是活底的蛋糕模型，除了內側要鋪烘焙紙之外，還要在模型裡蓋上鋁箔紙，以防止麵糊外漏。例）P.28香烤乳酪蛋糕的插圖。

**—用水沾溼模型**：做寒天或果凍時，準備冷卻凝固時，要先將模型稍微用水沾溼，就會有類似多了一層膜的效果，脫模時也能輕鬆完成。

**【脫模】**→模型

**【無法脫模】**有時候成品從烘焙紙或模型溢出，無法脫模。如果是布丁或寒天，可以將刀子從側面插入，讓空氣進入就能順利脫模。→模型

**【擀麵棍】**用來將麵團擀平的工具。也可以用研磨棒、保鮮膜硬紙筒芯來代替。

**【布丁、果凍模型】**專門用來讓材料冷卻或凝固的模型。主要用來做蛋豆腐或水羊羹。有些種類不能放進烤箱加熱，要特別留意。

**【篩網】**多半指網眼較粗的金屬網籃。用來瀝乾水分、過濾或是過篩粉類時使用。

**—用篩網過濾**→過濾

**【抹板】**用來切開麵團，或是刮抹時使用。差不多手掌大小，材質大多是塑膠或矽膠，用起來跟橡皮刮刀一樣方便。

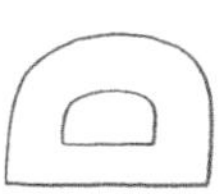

**【落蓋】**燉煮或醃漬時直接覆蓋在材料上的蓋子。這是為了讓所有食材能入味，同時還能避免食材接觸到空氣而散開。蓋子比

鍋子或容器開口小，可緊密貼合內壁。此外，即使沒有專用的落蓋，也可以用鋁箔紙或烘焙紙，在正中央戳個洞來代替。

**【竹籤】**比牙籤長一些，用竹子製成的細細棒狀物。檢查麵團是否烤好時，會用竹籤朝麵團正中央（最厚且最難加熱到的地方）戳進去看看。通常只要拔出來沒有沾黏麵團，就表示完成。另外還能用來幫忙許多雙手做不到的細節部份，跟不求人一樣方便。

**【鐵氟龍】**氟素樹脂。多半用於平底鍋或鍋子的加工。鍋底光滑，不易沾鍋。不過，如果做戚風蛋糕，鐵氟龍加工的模型會讓麵糊不容易膨脹，並不建議使用。

**【食物處理機】**要將沒什麼水分的固體食材打碎時很方便。尺寸過小或過大都不好用，在挑選時最好先想想日常生活中需要的用途。→果汁機

**【果汁機（Mixer）】**可以將水果、蔬菜、豆腐等各種食材打細的電器用品。也可以代替研缽。跟食物處理機算是同一類，由於密閉性高，處理水分多的食材常用果汁機。

**【磨粉機】**製作粉末時使用。例如焙茶，磨成粉末會比直接使用來得更有香味。

## 料理相關名詞

**【方便製作的份量】**整體作業上不適合少量製作時（像糖漿、紅豆餡等）使用的說法。

**【份量外】**在食譜材料標示之外適當的份量。

**【喜好】**—**喜好的量**：並不是愛加多少就加多少的意思，乃指一般常識的範圍內。

—**依照個人喜好**：喜歡的話就這麼做，不喜歡的話也可以省略無妨。

**【打散】**還沒有到打發的程度。只是打到溶解，不要糾成一團，如把蛋打散。

**【綿密、沉重】**—**打到綿密**：打發、起泡時打到濃醇、密度變高的狀態。打起來覺得逐漸有份量，且手感變重。

沉重

**【質地】**—**調整質地**：打蛋時最後會用手持攪拌器的低速模式，來混合並微調氣泡的大小。奶油餅乾則用手輕輕揉捏，讓質感變得更滑順。

**【分割】**—**沿著切割線分割**：太用力的話會導致外型破碎、不好看。只要沿著切割線，不需要太用力，輕輕一折就能分割。例）P.42洋蔥脆餅。

**【調整】**—**調味**：調整出自己覺得好吃的口味比例。

**【調整、變化】**一開始先依照食譜製作，逐漸熟練之後再自行調整、變化，自行嘗試一定會有失敗，但是又何妨。

**【麵糊】**—**麵糊溢出**→溢出

—**麵糊出現裂痕**：在做摩卡卷蛋糕體時，如果厚度不均勻，有些地方比較薄，冷卻之後就會變得乾燥，出現裂痕。進烤箱之前要把麵糊攤勻，放涼時用保鮮膜之類的包好，以防乾燥。

自行調整後失敗之作

—**麵糊不成團**：使用量匙時，務必要連上頭沾到的水或油也擦乾淨。如果是做煎包或派，麵糊在經過熟成之後狀態會變得穩定，就算有的地方稍微乾乾的，也沒有大礙。另外，加水時要是只集中在某一處，會造成只有該處吸水，無法以食譜中標示的水量讓麵糊成團。所以加水時要均勻，而且迅速拌開。如果還是沒法揉成麵團，就繼續加點水，直到麵團拌起來大約像耳垂的硬度即可。做餅乾的話，水量要調整到讓麵糊摸起來有些潮溼。水分要是不夠，烤的時候餅乾就會裂開。

—**麵糊過軟**：如果明顯太軟，很可能是弄錯份量了。這時不妨做成其他點心，別有樂趣。或者，在做餅乾、派或是煎包時，覺得麵團稍微黏手可以在擀麵時墊保鮮膜，或是撒點手粉來改善。直接在麵糊裡追加麵粉，一不小心就會讓麵團變硬，所以這是非不得已才使出的手段。此外，也可能是水分太多的關係。

**【麵糊不成團】**→麵糊

**【溢出】**鮮奶加熱時一個閃神就常發生這個狀況。記得要調成小火，時時緊盯。

—**麵糊溢出**：是否加得太滿？進烤箱前裝入容器的麵糊以七分滿為宜。

**【漏出】**奶油從旁邊漏出來：打出來的泡沫太鬆散或是奶油塗太多時出現的狀況。

**【氣孔】—出現氣孔**：好不容易烤了戚風蛋糕，結果卻出現大氣泡，令人沮喪。可能的原因如下：

①蛋黃麵團與蛋白霜混合不均勻。動作要快，在泡沫消失之前，盡可能將材料拌勻。

②蛋白霜的結構不穩固。看似膨脹得很大，其實裡頭盡是空洞。必須打到細緻緊實，能拉出堅挺直立的尖角。

③水分過多。檢查是不是用了大一號的雞蛋？還是加入了多餘的果汁？就算覺得果汁有剩很可惜也要忍住，不然乾脆喝掉吧。

—**製造氣孔**：烤餅乾或是派皮時，為了不要膨脹過頭，或是讓內部容易烤熟，會預先用叉子在麵團上刺幾個洞，製造氣孔。

**【靜置放涼】**熱騰騰的成品放涼到只剩微溫的狀態。如果沒有放涼就直接放進冰箱，會影響冰箱裡其他食材，挨媽媽的罵。（※編按：熱食沒有放涼就放進冰箱，會破壞冰箱冷藏攝氏4度的恆溫，讓細菌有機會大量滋生，影響冰箱中其他食物的鮮度。）

**【放涼】**散熱。

—**倒插在空瓶上放涼**：戚風蛋糕放涼的方式。將模型倒置，中間的洞插在空瓶上。受重力往下掉的蛋糕體和黏在模型上的蛋糕之間會有一股張力，能讓蛋糕體質地更柔軟有彈性。要是不倒置，蛋糕體的質地會變得很緊密。例）P.40橘香戚風蛋糕標題旁的照片。

—**用鋁箔紙包起來放涼**：為了防止乾燥，讓成品變得溼潤時使用。在熱騰騰之下包